Fascicule XXVII

MÉMORIAL
DES
SCIENCES MATHÉMATIQUES

PUBLIÉ SOUS LE PATRONAGE DE

L'ACADÉMIE DES SCIENCES DE PARIS,

DES ACADÉMIES DE BELGRADE, BRUXELLES, BUCAREST, COIMBRE, CRACOVIE, KIEW, MADRID, PRAGUE, ROME, STOCKHOLM (FONDATION MITTAG-LEFFLER), ETC.
DE LA SOCIÉTÉ MATHÉMATIQUE DE FRANCE, AVEC LA COLLABORATION DE NOMBREUX SAVANTS.

DIRECTEUR
Henri VILLAT
Correspondant de l'Académie des Sciences de Paris,
Professeur à la Sorbonne,
Directeur du « Journal de Mathématiques pures et appliquées ».

FASCICULE XXVII

Le problème géométrique des déblais et remblais

Par M. Paul APPELL
Membre de l'Institut, Recteur honoraire de l'Université de Paris.

PARIS
GAUTHIER-VILLARS ET Cie, ÉDITEURS
LIBRAIRES DU BUREAU DES LONGITUDES, DE L'ÉCOLE POLYTECHNIQUE,
Quai des Grands-Augustins, 55.

1928

MÉMORIAL

DES

SCIENCES MATHÉMATIQUES

79180-27 PARIS. — IMPRIMERIE GAUTHIER-VILLARS ET Cie,
Quai des Grands-Augustins, 55.

MÉMORIAL
DES
SCIENCES MATHÉMATIQUES

PUBLIÉ SOUS LE PATRONAGE DE

L'ACADÉMIE DES SCIENCES DE PARIS

DES ACADÉMIES DE BELGRADE, BRUXELLES, BUCAREST, COÏMBRE, CRACOVIE, KIEW,
MADRID, PRAGUE, ROME, STOCKHOLM (FONDATION MITTAG-LEFFLER), ETC.,
DE LA SOCIÉTÉ MATHÉMATIQUE DE FRANCE, AVEC LA COLLABORATION DE NOMBREUX SAVANTS.

DIRECTEUR :

Henri VILLAT

Correspondant de l'Académie des Sciences de Paris,
Professeur à la Sorbonne,
Directeur du « Journal de Mathématiques pures et appliquées. ».

FASCICULE XXVII

Le problème géométrique des déblais et remblais

Par M. Paul APPELL

Membre de l'Institut, Recteur honoraire de l'Université de Paris.

PARIS

GAUTHIER-VILLARS ET Cie, ÉDITEURS

LIBRAIRES DU BUREAU DES LONGITUDES, DE L'ÉCOLE POLYTECHNIQUE

Quai des Grands-Augustins, 55.

1928

MÉMORIAL
DES
SCIENCES MATHÉMATIQUES

PUBLIÉ SOUS LE PATRONAGE DE

L'ACADÉMIE DES SCIENCES DE PARIS

DES ACADÉMIES DE BELGRADE, BRUXELLES, BUCAREST, COÏMBRE, CRACOVIE, KIEW, MADRID, PRAGUE, ROME, STOCKHOLM (FONDATION MITTAG-LEFFLER), ETC., DE LA SOCIÉTÉ MATHÉMATIQUE DE FRANCE, AVEC LA COLLABORATION DE NOMBREUX SAVANTS.

DIRECTEUR :

Henri VILLAT
Correspondant de l'Académie des Sciences de Paris,
Professeur à la Sorbonne,
Directeur du « Journal de Mathématiques pures et appliquées. ».

FASCICULE XXVII

Le problème géométrique des déblais et remblais

PAR M. PAUL APPELL
Membre de l'Institut, Recteur honoraire de l'Université de Paris.

PARIS
GAUTHIER-VILLARS ET Cie, ÉDITEURS
LIBRAIRES DU BUREAU DES LONGITUDES, DE L'ÉCOLE POLYTECHNIQUE
Quai des Grands-Augustins, 55.

1928

AVERTISSEMENT

La Bibliographie est placée à la fin du fascicule, immédiatement avant la Table des Matières.

Les numéros en caractères gras, figurant entre crochets dans le courant du texte, renvoient à cette Bibliographie.

LE

PROBLÈME GÉOMÉTRIQUE DES DÉBLAIS ET REMBLAIS

Par M. Paul **APPELL**.

CHAPITRE I.

INTRODUCTION.

1. Historique. — Le Recueil des Mémoires de l'Académie des Sciences, pour 1781, renferme un des écrits les plus remarquables de Monge [1], où se trouvent développées d'une manière incidente la théorie des lignes de courbure et les propriétés des systèmes de rayons rectilignes appelés aujourd'hui congruences de droites. Le grand géomètre y propose le problème suivant : *Deux volumes équivalents étant donnés, les décomposer en particules infiniment petites se correspondant deux à deux, de telle façon que la somme des produits des chemins parcourus en transportant chaque parcelle sur celle qui lui correspond, par le volume de la parcelle transportée, soit un minimum.*

Pour simplifier le langage, Monge donne les noms de déblai et de remblai aux volumes qu'il considère, sans prétendre traiter une question relative à l'art de l'ingénieur ; celui-ci doit en effet transporter ses matériaux suivant des routes généralement curvilignes, tracées sur un sol dont il faut considérer le relief et la pente ; Monge suppose que toutes les parcelles qu'il considère sont transportées sur des lignes droites dont la longueur seule lui importe ; il résout un problème de géométrie pure, qui le conduit à une de ses plus belles decouvertes, celle des propriétés fondamentales des congruences de droites et des normales aux surfaces ; d'ailleurs, ces propriétés, qui constituent les résultats de beaucoup les plus importants du Mémoire, y sont données sous forme de lemmes, presque de hors-d'œuvre. Quant au problème même que Monge s'est posé, sa solution laisse beaucoup à désirer, moins parce qu'elle est très loin d'être explicite, que parce qu'elle s'appuie sur des propositions si mal établies qu'on peut douter de leur exactitude, quand on ne les trouve pas manifestement en défaut.

Le raisonnement de Monge revient au fond à ceci : après avoir établi que les routes forment une congruence, il montre que les droites d'une congruence se décomposent en deux systèmes de surfaces développables. Il dit ensuite que le maximum du volume enveloppé par les droites a lieu quand les surfaces développables sont orthogonales, c'est-à-dire quand les routes sont normales à une surface.

En 1818, Ch. Dupin [2] reprend la question des déblais et des remblais à un nouveau point de vue : « Le seul moyen, dit-il, d'ajouter quelque chose aux recherches d'un illustre devancier est de considérer le cas où les routes ne sauraient être toutes rectilignes, mais dépendent de la forme et de la pente du terrain sur lequel elles doivent être tracées. » Dupin se préoccupe du tracé qu'il faut adopter pour les routes, et de la loi suivant laquelle on fera varier les surfaces du déblai et du remblai pendant le terrassement; il a toutefois l'occasion de discuter et de rectifier quelques-unes des assertions de Monge, mais il est loin de lever tous les doutes et il n'est pas toujours à l'abri de l'erreur.

Depuis Monge et Dupin, les géomètres ne paraissent pas être revenus sur la question des déblais et des remblais jusqu'en 1884. A cette époque, l'Académie des Sciences proposa, comme sujet de concours pour le prix Bordin, de reprendre le problème de Monge, d'établir les principes qui peuvent conduire à la solution, et de poursuivre jusqu'au bout la solution de cas particuliers.

2. Généralisation du problème de Monge; cas où la densité est variable. — Par rapport à des axes rectangulaires quelconques appelons x, y, z les coordonnées d'un point du déblai, $\rho = |\varphi(x, y, z)|$ la densité du déblai en ce point, x_1, y_1, z_1 les coordonnées du point correspondant du remblai et $\rho_1 = \frac{1}{|\psi(x_1, y_1, z_1)|}$, la densité en ce point, où $|u|$ signifie *valeur* absolue de u, $\varphi(x, y, z)$ et $\psi(x_1, y_1, z_1)$ pouvant être négatifs, x_1, y_1, z_1 étant des fonctions inconnues de x, y, z. La masse d'un élément $d\tau$ entourant les points x, y, z est $dm = \rho\, d\tau$; celle de l'élément correspondant $d\tau_1$ entourant le point x_1, y_1, z_1 est $\rho_1\, d\tau_1$. Ces deux masses étant égales, on a

$$\rho\, d\tau = \rho_1\, d\tau_1.$$

Les masses totales du déblai et du remblai sont évidemment égales. Le problème est alors un problème de géométrie des masses ; il peut s'énoncer ainsi :

Diviser le déblai et le remblai en éléments correspondants de même masse de telle façon que la somme des produits obtenus en multipliant la masse d'un élément du déblai par sa distance à l'élément correspondant du remblai soit un minimum.

Ces droites seront les routes suivies ; le prix du transport d'un élément sera le produit de sa masse par le chemin, toujours rectiligne, qu'on lui fait parcourir ; la somme des prix de transport de toutes les parcelles du déblai sera le *prix total du transport ;* l'ensemble des *routes* qu'il faudra adopter pour rendre ce prix total *minimum* sera le *meilleur système de routes.*

Considérons un déblai et un remblai de masses équivalentes ; il est clair que si l'on effectue le transport de toutes les parcelles suivant des routes rectilignes, le prix total de ce transport sera toujours susceptible d'un minimum. La méthode que nous suivrons, après Monge et Dupin, consiste à déterminer les conditions auxquelles doit nécessairement satisfaire le meilleur système de routes, et à étudier les conséquences qui en résultent dans les principaux cas qui peuvent se présenter ; lorsqu'un seul système de routes satisfait aux conditions requises, c'est nécessairement le système cherché. Si plusieurs systèmes y satisfont, on calculera le prix total du transport correspondant à chacun d'eux, et l'on aura les éléments nécessaires pour décider lequel est le plus avantageux : on n'aura qu'à comparer quelques quantités connues, si le nombre des systèmes entre lesquels il faut choisir est limité ; sinon, on devra recourir aux dérivées et parfois même au calcul des variations ; mais, même dans ce dernier cas, on aura un problème théoriquement bien plus simple que si l'on eût cherché directement le minimum par la méthode des variations, parce que le nombre des systèmes de routes entre lesquels il faut choisir est infiniment moins grand qu'il ne l'était *a priori*. Mais, si l'on veut déterminer complètement le système de routes qui convient à un cas donné, on se heurte en général à des obstacles paraissant insurmontables ; on s'en fera une idée par les difficultés relatives que nous rencontrerons pour obtenir une solution explicite dans quelques cas particuliers excessivement simples.

3. **Diverses questions à traiter.** — Nous établirons d'abord quelques règles générales en nous élevant de la considération de systèmes de points isolés au cas de masses continues.

Nous considérerons ensuite le cas où le déblai et le remblai peuvent être traités comme de simples lignes, et nous prêterons une attention particulière au cas où elles sont situées dans un même plan ; quand les deux lignes sont fermées et convexes dans un même plan, les routes du meilleur système sont dirigées suivant des équisécantes droites détachant des masses égales, sauf certaines réserves que nous indiquerons. Il faut compléter les indications données par Dupin pour les cas où les deux lignes supposées dans un même cas ne sont plus fermées, et signaler une erreur commise par l'éminent géomètre quand il croit démontrer que la tangente à une extrémité du déblai appartient au meilleur système de routes si elle coupe le remblai.

Vient ensuite le cas où le déblai et le remblai peuvent être traités comme deux aires ; un cas particulier très important est le cas où les deux aires sont situées dans un même plan ; d'un raisonnement forcément inexact, Monge conclut alors que les routes du meilleur système doivent *toujours* être des équisécantes ; il remarque pourtant que cette règle conduirait, dans certains cas, à des contradictions et il indique sommairement un moyen inexact de subdiviser le déblai et le remblai en parties qui se correspondent, sans donner lieu à la difficulté qu'on a rencontrée. Dupin montre qu'il suffit de subdiviser l'une des deux aires et donne une propriété caractéristique de la ligne séparatrice; mais son analyse est très incomplète. Il convient de la compléter; on peut alors obtenir une équation de la ligne séparatrice. Il présente ensuite un problème posé par Monge qui a pour objet, connaissant le déblai et le bord interne du remblai, de déterminer son bord externe, de manière à diminuer autant que possible le prix total du transport des parcelles du déblai donné ; on obtient le résultat à l'aide d'un calcul simple dont quelques détails semblent intéressants.

Arrive enfin le cas le plus difficile, celui où le déblai et le remblai sont des volumes quelconques. Monge débute par ce théorème fondamental, que les routes du meilleur système doivent être normales à une même surface ; mais la raison qu'il invoque est si évidemment sans valeur qu'on peut absolument douter que le théorème soit vrai : il l'est pourtant ; de Saint-Germain [3] en donne, pour le cas même de Monge, une démonstration géométrique ; on trouvera plus loin une démonstration analytique, basée sur le calcul des variations, pour le cas général où la densité est variable [4]. On forme ensuite l'équation aux dérivées partielles du second ordre de la surface orthogonale, et l'on obtient [3] l'intégrale qui exprime le prix total du transport. Quant à l'intégration de l'équation différentielle de la surface, il ne semble pas possible qu'on puisse la faire, sous une forme maniable, dans le cas général : cette équation peut se ramener en effet à celle des surfaces minima si le déblai et le remblai peuvent être assimilés à des aires de densités constantes, *égales* dans des plans parallèles, et à celle des surfaces à courbure totale constante si le déblai et le remblai peuvent être assimilés à des aires de densités constantes et *inégales* dans des plans parallèles.

4. Détermination des fonctions arbitraires. — Monge remarque, avec raison, que cette intégrale renferme deux fonctions arbitraires ; mais il se trompe en pensant qu'il suffit, pour les déterminer, d'exprimer que les routes tangentes au déblai le sont également au remblai. Ces difficultés sont de la nature de celles qui se présentent dans la théorie des surfaces minima. A ce sujet, Darboux s'exprime comme il suit [5] : « Si l'on considère toutes les surfaces formant une nappe continue passant par une courbe fermée, le calcul des variations apprend que la surface d'aire minimum aurait, en chaque point, ses rayons de courbure égaux et de signes contraires. L'équation aux dérivées partielles de cette surface une fois intégrée, la condition à laquelle elle est assujettie, à passer par la courbe, ne permet pas de déterminer complètement les deux fonctions arbitraires dont elle dépend. Il existe une infinité de surfaces minima contenant la courbe ; mais ces surfaces ne satisfont pas toutes à la condition, supposée cependant par le calcul des variations, de former une nappe continue reliant les uns aux autres tous les points de la courbe. On ne peut déterminer les deux fonctions arbitraires qu'en employant des considérations tout à fait indépendantes du calcul des variations, puisque la condition à laquelle il s'agit de satisfaire est supposée remplie au moment où commence l'application de cette méthode.... La solution du problème de Monge présente des difficultés analogues et peut-être plus grandes. Les fonctions arbitraires d'une variable, qui entrent dans les équations du système des routes, doivent être déterminées par la condition que les routes forment un système continu permettant de transporter dans l'ensemble des remblais la totalité des parcelles qui composent le déblai. La condition, évidente *a priori*, que les routes limites soient tangentes à la fois à la surface du déblai et à celle du remblai, ne fait connaître qu'une de ces deux fonctions et il n'existe, comme dans la théorie des surfaces minima, aucune règle fixe et précise conduisant à la solution complète de la question proposée. »

5. **Théorèmes généraux.** — En tête des conditions auxquelles doivent nécessairement satisfaire les routes du meilleur système, il faut placer la règle fondamentale posée par Monge : pour que le prix total du transport soit minimum, les portions de droites parcourues par deux parcelles quelconques ne doivent jamais se rencontrer. Une figure bien simple montre que si les droites parcourues par deux parcelles, dont on peut supposer les masses égales, se rencontrent, il suffit d'échanger les points de destination de ces parcelles pour diminuer la somme de leurs prix de transport.

Un des premiers corollaires de la règle de Monge a une importance considérable : toutes les parcelles dont la position initiale ou finale se trouve sur la droite parcourue par une autre parcelle doivent suivre le même chemin ; donc sur chaque route du meilleur système, il cheminera en général une infinité de parcelles formant dans le déblai et le remblai deux *filets* infiniment minces équivalents en masses. Dans tous les cas que nous considérerons, les diverses parcelles qui sont transportées sur une route quelconque la parcourront dans le même sens ; nous dirons que c'est le sens dans lequel la route elle-même est dirigée.

Nous désignerons par le mot de route une droite indéfinie sur laquelle cheminent un nombre plus ou moins grand de parcelles : la partie de la droite réellement parcourue sera la *portion utile* de la route ; elle comprendra toujours le point où la route sort du déblai, celui où elle entre dans le remblai ; si elle s'étend à la fois jusqu'aux faces externes du déblai et du remblai, je dirai que la route est *entière*, sinon, ce sera une route *tronquée*.

La loi de correspondance entre les parcelles des deux filets desservis par une même route est indifférente ; le prix du transport est toujours égal au produit de la masse des deux filets par la distance qui sépare leurs centres de gravité.

Soient x, x_1 les abscisses, comptées suivant la route considérée, de deux parcelles de masse dm qu'on fait correspondre ; le prix du transport de toutes les parcelles du filet donné s'exprime par une intégrale de la forme

$$\int (x_1 - x)\, dm = \int x_1\, dm - \int x\, dm ;$$

d'après une propriété bien connue du centre de gravité, cette formule démontre immédiatement le théorème énoncé. Pour avoir le prix total du transport, on fera la somme des prix de transport des filets dans lesquels on aura décomposé le déblai.

Quand le rapport entre les dimensions, tant du déblai que du remblai, et la distance qui sépare ces deux volumes, est inférieure à une petite quantité ε, le prix total du transport est égal, en négligeant les termes de l'ordre de ε^2, au produit de la masse M des deux volumes donnés par la distance Δ de leurs centres de gravité. Soient en effet ξ, η, ζ; ξ', η', ζ' les coordonnées rectangulaires des deux centres de gravité $\xi + x$, $\eta + y$, $\zeta + z$ et $\xi' + x'$, $\eta' + y'$, $\zeta' + z'$ celles de deux parcelles correspondantes de masse dm. Le prix de transport total sera

$$\begin{aligned} \mathrm{P} &= \int \sqrt{(\xi' + x' - \xi - x)^2 + \ldots}\; dm \\ &= \int \Delta \left[1 - (\xi' - \xi) \frac{x' - x}{\Delta} - (\eta' - \eta) \frac{y' - y}{\Delta} + \ldots \right] dm. \end{aligned}$$

Mais les termes $\int x\, dm$, $\int x'\, dm$, ... sont nuls en vertu d'une propriété élémentaire du centre de gravité; si donc on néglige dans l'intégrale les termes de l'ordre de ε^2, il reste

$$\mathrm{P} = \int \Delta\, dm = \mathrm{M}\Delta.$$

6. **Échange du déblai et du remblai.** — Il est évident que si l'on intervertit les rôles du déblai et du remblai, le meilleur système de routes reste le même.

CHAPITRE II.

PRINCIPES DÉDUITS DE LA CONSIDÉRATION DE POINTS ISOLÉS.

7. **Points isolés.** — On peut imaginer d'abord que le déblai et le remblai soient formés de points matériels ayant tous la même masse m et se trouvant en nombre égal n dans le déblai et dans le remblai. Les résultats obtenus de cette façon contiennent, comme limites, les propositions relatives au cas où le déblai et le remblai seraient des masses continues *homogènes* ou *hétérogènes*, car on pourra toujours les décomposer en parcelles infiniment petites de même masse que l'on traitera comme des points matériels. Nous appellerons $D_1, D_2, \ldots, D_n$ les points constituant le déblai, $R_1, R_2, \ldots, R_n$ ceux qui forment le remblai ; tous ces points ont même masse m. Le problème consiste à transporter chaque point D_i du déblai sur un point R_k de façon que la somme $\Sigma m\overline{D_iR_k}$ ou $\Sigma\overline{D_iR_k}$ soit la plus petite possible. La solution de ce problème reste évidemment la même quand on intervertit le déblai et le remblai (n° 6). Monge remarque que, dans le meilleur système de routes, deux routes ne peuvent pas se croiser entre leurs extrémités. Le théorème subsiste dans le cas limite où le point de croisement coïnciderait avec l'une des extrémités de D_i ou R_k. On peut énoncer ce fait de la façon suivante : si, dans le meilleur système de routes, une route D_1R_1 par exemple rencontre entre D_1 et R_1 un autre point D_2 du déblai ; alors le point D_2 ne peut être porté que sur un point de la droite D_2R_1 ou de son prolongement dans le sens D_2R_1. Les conséquences de ce fait ont été données, pour les milieux continus, au n° 5.

Il est évident que si un point du déblai coïncide avec un point du remblai, ce point reste immobile dans le meilleur système de routes : il suffit de faire la figure pour le voir.

8. **Systèmes de routes déduits d'un système donné.** — Supposons que le meilleur système de routes soit $D_1R_1, D_2R_2, \ldots, D_nR_n$. Arrêtons chaque point du déblai en un point quelconque de la route qu'il suit, D_1 quelque part en D'_1 sur le segment D_1R_1, D_2 en D'_2 sur $D_2R_2, \ldots$; le meilleur système de routes pour déblayer ces nouveaux points $D'_1, D'_2, \ldots, D'_n$ sur le remblai primitif $R_1, R_2, \ldots, R_n$ se com-

pose des parties restantes des mêmes routes D'_1R_1, D'_2R_2, ..., D'_nR_n. Car s'il n'en était pas ainsi, il existerait un meilleur système de routes $\mathcal{R}$ pour transporter les D' sur les R, et le système primitif D_iR_i ne serait évidemment pas le meilleur car le système de lignes brisées $D_iD'_i$ suivi de $\mathcal{R}$ serait meilleur.

Si donc, pour un déblai et un remblai donnés, on connaît le meilleur système de routes, on connaîtra aussi ce système pour une infinité d'autres déblais et remblais, déduits des premiers de la façon que nous venons d'indiquer.

9. **Principe des routes normales à une surface.** — Imaginons un nombre n de normales O_1N_1; O_2N_2, ..., O_nN_n distinctes ou non, à une surface convexe S du côté de la convexité, O_1; O_2, ..., O_n étant sur S et N_1, N_2, ..., N_n du côté de la convexité; supposons que sur chaque normale O_iN_i se trouvent un point D_i du déblai et un point R_i du remblai disposés de telle façon que D_iR_i ont le même sens que O_iN_i; les segments D_iR_i forment alors le meilleur système de routes. Dans le cas limite où S est un plan, les segments D_iR_i sont parallèles et de même sens.

10. **Loi de symétrie.** — Si le déblai est composé de n points D_1, D_2, ..., D_p placés d'un côté d'un plan Π et de leurs symétriques D'_1, D'_2, ..., D'_p par rapport à ce plan; si le remblai est de même composé de points R_1, R_2 ..., R_p placés par rapport au plan Π du même côté que D_1, D_2, ..., D_p et de leurs symétriques R'_1, R'_2, ..., R'_p par rapport à ce plan, le système de routes le plus avantageux se compose du meilleur système de routes pour déblayer D_1, D_2, ..., D_p sur R_1, R_2, ..., R_p et de leurs symétriques. En d'autres termes, dans le meilleur système de routes, aucune route ne peut traverser le plan de symétrie.

CHAPITRE III.

DÉMONSTRATION GÉNÉRALE DU THÉORÈME DE MONGE.

11. **Démonstration faite en supposant les densités quelconques.** — Soient deux volumes D et R de même masse jouant respectivement les rôles de déblai et de remblai. En prenant un système d'axes rectan-

gulaires, nous appellerons x, y, z les coordonnées d'un point du déblai, x_1, y_1, z_1 les coordonnées correspondantes du point du remblai, x_1, y_1, z_1 étant des fonctions inconnues de x, y, z.

On pourra appliquer à ce problème toutes les considérations relatives à la déformation d'un milieu continu, telles qu'elles sont exposées dans le Chapitre 32 du Tome III de mon *Traité de Mécanique rationnelle*, avec cette addition que la transformation par symétrie étant admise, le déterminant fonctionnel D ainsi que les fonctions φ, φ_1, ψ, ψ_1 peuvent être négatifs. L'hypothèse que nous ferons est que les chemins suivis par les particules qui vont du point x, y, z au point x_1, y_1, z_1 sont des lignes droites. Nous supposerons que la densité varie d'un point à l'autre du déblai; cette densité $\rho = |\varphi(x, y, z)|$ étant une fonction donnée de x, y, z. De même

$$\rho_1 = |\psi_1(x_1, y_1, z_1)| = \frac{1}{|\psi(x_1, y_1, z_1)|}$$

sera la densité au point du remblai x_1, y_1, z_1. Les masses du déblai et du remblai sont supposées égales, et d'après l'énoncé de Monge, il faut déterminer x_1, y_1, z_1 en fonctions de x, y, z de telle façon qu'en posant

$$I = \iiint_D L\rho\, dx\, dy\, dz = \iiint_D L\,\varphi(x, y, z)\, dx\, dy\, dz,$$

l'intégrale triple étant étendue à tout le volume D du déblai, I soit un minimum, L désignant la distance

$$L = \sqrt{(x - x_1)^2 + (y - y_1)^2 + (z - z_1)^2}.$$

L'équation exprimant que les masses des deux éléments correspondants sont égales, c'est-à-dire l'équation de continuité, s'écrit actuellement, avec la notation habituelle pour les déterminants fonctionnels

$$(1) \quad \rho_1 \frac{D(x_1, y_1, z_1)}{D(x, y, z)} = \rho, \quad \frac{D(x_1, y_1, z_1)}{D(x, y, z)} = \varphi(x, y, z)\,\psi(x_1, y_1, z_1).$$

Le problème de Monge consiste à déterminer x_1, y_1, z_1 en fonctions de x, y, z de façon à rendre minimum une intégrale de la forme

$$J = \iiint_D L\,\varphi(x, y, z)\, dx\, dy\, dz$$

sous la condition (1).

Pour obtenir les valeurs de x_1, y_1, z_1 rendant l'intégrale J minimum, nous devons égaler à zéro la variation de cette intégrale, quand x_1, y_1, z_1 subissent des variations quelconques dans le volume D, sous la condition (1).

On peut remarquer d'ailleurs que ces variations étant, comme nous venons de le dire, arbitraires dans le volume, sont, sur la surface S, $F(x_1, y_1, z_1) = 0$, du remblai, liées par une relation linéaire qui est la suivante :

$$\frac{\partial F}{\partial x_1}\delta x_1 + \frac{\partial F}{\partial y_1}\delta y_1 + \frac{\partial F}{\partial z_1}\delta z_1 = 0.$$

Si l'on remplace dans $F(x_1, y_1, z_1)$, x_1, y_1, z_1 par leurs expressions en x, y, z, on obtiendra l'équation de la surface S qui limite le déblai ; cette équation après la substitution sera encore $F(x_1, y_1, z_1) = 0$. On devra donc avoir à l'intérieur l'équation suivante obtenue en égalant à zéro la variation de l'intégrale J dans laquelle on ajoute, pour tenir compte de la relation (1), le terme

$$\lambda[D - \varphi(x, y, z)\psi(x_1, y_1, z_1)]\,dx\,dy\,dz,$$

λ étant une fonction arbitraire de x, y, z. On a ainsi

$$J' = \iiint_D [L\varphi + \lambda(D - \varphi\psi)]\,dx\,dy\,dz, \qquad \delta J' = 0,$$

c'est-à-dire

$$\begin{aligned}
&\iiint_D \frac{(x_1 - x)\,\delta x_1 + (y_1 - y)\,\delta y_1 + (z_1 - z)\,\delta z_1}{L}\varphi(x, y, z)\,dx\,dy\,dz \\
&-\iiint_D \lambda\varphi\left(\frac{\partial\psi}{\partial x_1}\delta x_1 + \frac{\partial\psi}{\partial y_1}\delta y_1 + \frac{\partial\psi}{\partial z_1}\delta z_1\right)dx\,dy\,dz \\
&+\iiint_D \lambda\left[\frac{\partial(\delta x_1)}{\partial x}\frac{D(y_1, z_1)}{D(y, z)}\right. \\
&\qquad + \frac{\partial(\delta x_1)}{\partial y}\frac{D(y_1, z_1)}{D(z, x)} + \frac{\partial(\delta x_1)}{\partial z}\frac{D(y_1, z_1)}{D(x, y)} \\
&\qquad + \frac{\partial(\delta y_1)}{\partial x}\frac{D(z_1, x_1)}{D(y, z)} + \frac{\partial(\delta y_1)}{\partial y}\frac{D(z_1, x_1)}{D(z, x)} \\
&\qquad + \frac{\partial(\delta y_1)}{\partial z}\frac{D(z_1, x_1)}{D(x, y)} + \frac{\partial(\delta z_1)}{\partial x}\frac{D(x_1, y_1)}{D(y, z)} \\
&\qquad \left.+ \frac{\partial(\delta z_1)}{\partial y}\frac{D(x_1, y_1)}{D(z, x)} + \frac{\partial(\delta z_1)}{\partial z}\frac{D(x_1, y_1)}{D(x, y)}\right]dx\,dy\,dz = 0.
\end{aligned}$$

D'après les identités

$$\frac{\partial}{\partial x}\left[\frac{D(y_1, z_1)}{D(y, z)}\right] + \frac{\partial}{\partial y}\left[\frac{D(y_1, z_1)}{D(z, x)}\right] + \frac{\partial}{\partial z}\left[\frac{D(y_1, z_1)}{D(x, y)}\right] = 0,$$
$$\frac{\partial}{\partial x}\left[\frac{D(z_1, x_1)}{D(y, z)}\right] + \frac{\partial}{\partial y}\left[\frac{D(z_1, x_1)}{D(z, x)}\right] + \frac{\partial}{\partial z}\left[\frac{D(z_1, x_1)}{D(x, y)}\right] = 0,$$
$$\frac{\partial}{\partial x}\left[\frac{D(x_1, y_1)}{D(y, z)}\right] + \frac{\partial}{\partial y}\left[\frac{D(x_1, y_1)}{D(z, x)}\right] + \frac{\partial}{\partial z}\left[\frac{D(x_1, y_1)}{D(x, y)}\right] = 0,$$

la deuxième intégrale de volume peut, à l'aide de la formule d'Ostrogradsky ou de Green, s'écrire

$$\begin{aligned}
-\iiint_{D} \Bigg\{ & \left[\frac{\partial\lambda}{\partial x}\frac{D(y_1, z_1)}{D(y, z)} + \frac{\partial\lambda}{\partial y}\frac{D(y_1, z_1)}{D(z, x)} + \frac{\partial\lambda}{\partial z}\frac{D(y_1, z_1)}{D(x, y)}\right]\delta x_1 \\
&+ \left[\frac{\partial\lambda}{\partial x}\frac{D(z_1, x_1)}{D(y, z)} + \frac{\partial\lambda}{\partial y}\frac{D(z_1, x_1)}{D(z, x)} + \frac{\partial\lambda}{\partial z}\frac{D(z_1, x_1)}{D(x, y)}\right]\delta y_1 \\
&+ \left[\frac{\partial\lambda}{\partial x}\frac{D(x_1, y_1)}{D(y, z)} + \frac{\partial\lambda}{\partial y}\frac{D(x_1, y_1)}{D(z, x)} + \frac{\partial\lambda}{\partial z}\frac{D(x_1, y_1)}{D(x, y)}\right]\delta z_1 \Bigg\} dx\,dy\,dz = 0,
\end{aligned}$$

$$\begin{aligned}
+\iint_{S} \Bigg\{ & \lambda\left[\alpha\frac{D(y_1, z_1)}{D(y, z)} + \beta\frac{D(y_1, z_1)}{D(z, x)} + \gamma\frac{D(y_1, z_1)}{D(x, y)}\right]\delta x_1 \\
&+ \lambda\left[\alpha\frac{D(z_1, x_1)}{D(y, z)} + \beta\frac{D(z_1, x_1)}{D(z, x)} + \gamma\frac{D(z_1, x_1)}{D(x, y)}\right]\delta y_1 \\
&+ \lambda\left[\alpha\frac{D(x_1, y_1)}{D(y, z)} + \beta\frac{D(x_1, y_1)}{D(z, x)} + \gamma\frac{D(x_1, y_1)}{D(x, y)}\right]\delta z_1 \Bigg\} d\sigma,
\end{aligned}$$

dans laquelle $d\sigma$ est un élément quelconque de la surface S de déblai, α, β, γ étant les cosinus directeurs de la normale extérieure sur cet élément. Dans l'intégrale triple finale, on doit égaler à zéro les coefficients des variations δx_1, δy_1, δz_1 qui sont arbitraires à l'intérieur du remblai.

On a ainsi les équations

$$\varphi\frac{x_1 - x}{L} - \lambda\varphi\frac{\partial\psi}{\partial x_1} - \frac{\partial\lambda}{\partial x}\frac{D(y_1, z_1)}{D(y, z)} - \frac{\partial\lambda}{\partial y}\frac{D(y_1, z_1)}{D(z, x)} - \frac{\partial\lambda}{\partial z}\frac{D(y_1, z_1)}{D(x, y)} = 0,$$
$$\varphi\frac{y_1 - y}{L} - \lambda\varphi\frac{\partial\psi}{\partial y_1} - \frac{\partial\lambda}{\partial x}\frac{D(z_1, x_1)}{D(y, z)} - \frac{\partial\lambda}{\partial y}\frac{D(z_1, x_1)}{D(z, x)} - \frac{\partial\lambda}{\partial z}\frac{D(z_1, x_1)}{D(x, y)} = 0,$$
$$\varphi\frac{z_1 - z}{L} - \lambda\varphi\frac{\partial\psi}{\partial z_1} - \frac{\partial\lambda}{\partial x}\frac{D(x_1, y_1)}{D(y, z)} - \frac{\partial\lambda}{\partial y}\frac{D(x_1, y_1)}{D(z, x)} - \frac{\partial\lambda}{\partial z}\frac{D(x_1, y_1)}{D(x, y)} = 0.$$

Nous allons résoudre ces trois équations par rapport à $\frac{\partial\lambda}{\partial x}$, $\frac{\partial\lambda}{\partial y}$, $\frac{\partial\lambda}{\partial z}$. Pour cela multiplions d'abord la première par $\frac{\partial x_1}{\partial x}$, la deuxième par $\frac{\partial y_1}{\partial x}$, la troisième par $\frac{\partial z_1}{\partial x}$ et ajoutons en remarquant que le coefficient de $\frac{\partial \lambda}{\partial x}$ devient $\frac{D(x_1, y_1, z_1)}{D(x, y, z)}$, c'est-à-dire $\varphi\psi$, et que les coefficients de $\frac{\partial \lambda}{\partial y}$ et $\frac{\partial \lambda}{\partial z}$ sont nuls. Nous avons alors en divisant par φ

$$\frac{x_1 - x}{L}\frac{\partial x_1}{\partial x} + \frac{y_1 - y}{L}\frac{\partial y_1}{\partial x} + \frac{z_1 - z}{L}\frac{\partial z_1}{\partial x}$$
$$- \lambda\left(\frac{\partial \psi}{\partial x_1}\frac{\partial x_1}{\partial x} + \frac{\partial \psi}{\partial z_1}\frac{\partial y_1}{\partial x} + \frac{\partial \psi}{\partial z_1}\frac{\partial z_1}{\partial x}\right) - \frac{\partial \lambda}{\partial x} = 0.$$

On obtient de même $\frac{\partial \lambda}{\partial x}$ et $\frac{\partial \lambda}{\partial z}$. Si l'on remarque d'autre part que

$$\frac{\partial L}{\partial x} = \frac{x_1 - x}{L}\left(\frac{\partial x_1}{\partial x} - 1\right) + \frac{y_1 - y}{L}\frac{\partial y_1}{\partial x} + \frac{z_1 - z}{L}\frac{\partial z_1}{\partial x}, \qquad \ldots,$$
$$\frac{\partial \psi}{\partial x} = \frac{\partial \psi}{\partial x_1}\frac{\partial x_1}{\partial x} + \frac{\partial \psi}{\partial y_1}\frac{\partial y_1}{\partial z} + \frac{\partial \psi}{\partial z_1}\frac{\partial z_1}{\partial z}, \qquad \ldots,$$

on peut écrire l'équation précédente

$$\frac{\partial L}{\partial x} + \frac{x_1 - x}{L} - \lambda\frac{\partial \psi}{\partial x} - \psi\frac{\partial \lambda}{\partial x} = 0;$$

d'où l'on tire

$$\frac{x_1 - x}{L} = \frac{\partial(\lambda\psi - L)}{\partial x} = \frac{\partial U}{\partial x},$$

en posant

$$U = \lambda\psi - L;$$

de même

$$\frac{y_1 - y}{L} = \frac{\partial U}{\partial y}, \qquad \frac{z_1 - z}{L} = \frac{\partial U}{\partial z}.$$

Le théorème de Monge est ainsi démontré : les routes dont les projections sont proportionnelles à $x_1 - x$, $y_1 - y$, $z_1 - z$ sont normales aux surfaces $U = \text{const.}$ Mais ces surfaces sont *parallèles*, comme le montre la relation évidente

$$\left(\frac{\partial U}{\partial x}\right)^2 + \left(\frac{\partial U}{\partial y}\right)^2 + \left(\frac{\partial U}{\partial z}\right)^2 = 1,$$

qui signifie que la dérivée $\frac{dU}{dn}$ de la fonction U suivant la normale à une surface de niveau est égale à 1.

Il est évident que dans l'énoncé même du problème, on peut échanger D et R, c'est-à-dire x, y, z avec x_1, y_1, z_1 et ρ avec ρ_1.

Le même calcul donne alors le résultat suivant : on a à considérer la même intégrale

$$J = \iiint_D L\varphi\, dx\, dy\, dz + \lambda \left[\frac{D(x_1, y_1, z_1)}{D(x, y, z)} - \frac{\rho}{\rho_1} \right] dx\, dy\, dz,$$

où l'on fait le changement de variable consistant à remplacer x, y, z par les nouvelles variables x_1, y_1, z_1 ; alors

$$dx\, dy\, dz = \frac{D(x, y, z)}{D(x_1, y_1, z_1)} dx_1\, dy_1\, dz_1,$$

donc

$$J' = \iiint_R L\rho_1\, dx_1\, dy_1\, dz_1 + \lambda \left[1 - \frac{\rho}{\rho_1} \frac{D(x, y, z)}{D)x_1, y_1, z_1)} \right] dx_1\, dy_1\, dz_1,$$

$$I' = \iiint_R \left\{ L\varphi_1(x_1, y_1, z_1) + \frac{\lambda\rho}{\rho_1} \left[\frac{\rho_1}{\rho} - \frac{D(x, y, z)}{D(x_1, y_1, z_1)} \right] \right\} dx_1\, dy_1\, dz_1,$$

intégrale de la forme précédente où λ est remplacé par $-\frac{\lambda\rho}{\rho_1}$; on a alors

$$\frac{x - x_1}{L} = \frac{\partial V}{\partial x_1}, \qquad \frac{y - y_1}{L} = \frac{\partial V}{\partial y_1}, \qquad \frac{z - z_1}{L} = \frac{\partial V}{\partial z_1}, \cdots$$

où

$$V = \frac{-\frac{\lambda\rho}{\rho_1}}{\rho} - L = -\frac{\lambda}{\rho_1} - L.$$

Mais au point de vue de l'homogénéité, les premiers membres

$$\pm \frac{x_0 - x}{L}, \ldots$$

ne changent pas quand on remplace x, y, z, x_1, y_1, z_1 par $kx, ky, kz, kx_1, ky_1, kz_1$, donc la même opération multiplie ∂U et ∂V par k. Les fonctions U et V ne sont donc déterminées qu'à un facteur constant près et à une constante additive près

$$U = k\left(\frac{\lambda}{\rho} - L \right) + \text{const.},$$

$$V = k'\left(-\frac{\lambda}{\rho} - L \right) + \text{const.},$$

d'où

$$k'U + kV = -2kk'L + \text{const.},$$

k' et k étant des constantes arbitraires. Par exemple, si les routes concourent en O, en posant

$$r = \sqrt{x^2+y^2+z^2}, \qquad r_1 = \sqrt{x_1^2+y_1^2+z_1^2},$$

et prenant

$$r - r_1 > 0, \qquad L = r - r_1,$$

on peut prendre

$$U = -r, \qquad V = r_1,$$
$$U + V = -L;$$

alors

$$k = k' = \frac{1}{2}.$$

12. Intégrale de surface. — Reste enfin l'intégrale de surface

$$K = \int\int_S \left\{ \lambda \left[\alpha \frac{D(y_1, z_1)}{D(y, z)} + \beta \frac{D(y_1, z_1)}{D(z, x)} + \gamma \frac{D(y_1, z_1)}{D(x, y)} \right] \delta x_1 + \ldots \right\} d\sigma.$$

Dans cette intégrale δx_1, δy_1, δz_1 ne sont pas arbitraires, mais sont liées par la relation

$$\frac{\partial F}{\partial x_1}\delta x_1 + \frac{\partial F}{\partial y_1}\delta y_1 + \frac{\partial F}{\partial z_1}\delta z_1 = 0.$$

On devra donc écrire que l'intégrale double K dans laquelle on ajoute le terme

$$\mu \left[\frac{\partial F}{\partial x_1}\delta x_1 + \frac{\partial F}{\partial y_1}\delta y_1 + \frac{\partial F}{\partial z_1}\delta z_1 \right],$$

où μ est arbitraire, est nulle quels que soient δx_1, δy_1, δz_1. En égalant à zéro les coefficients de ces quantités, on a les équations

$$\lambda \left[\alpha \frac{D(y_1, z_1)}{D(y, z)} + \beta \frac{D(y_1, z_1)}{D(z, x)} + \gamma \frac{D(y_1, z_1)}{D(x, y)} \right] + \mu \frac{\partial F}{\partial x_1} = 0,$$
$$\lambda \left[\alpha \frac{D(z_1, x_1)}{D(y, z)} + \beta \frac{D(z_1, x_1)}{D(z, x)} + \gamma \frac{D(z_1, x_1)}{D(x, y)} \right] + \mu \frac{\partial F}{\partial y_1} = 0,$$
$$\lambda \left[\alpha \frac{D(x_1, y_1)}{D(y, z)} + \beta \frac{D(x_1, y_1)}{D(z, x)} + \gamma \frac{D(x_1, y_1)}{D(x, y)} \right] + \mu \frac{\partial F}{\partial z_1} = 0.$$

Résolvons ces équations par rapport à α, β, γ. Pour cela, multiplions-les d'abord par $\frac{\partial x_1}{\partial x}$, $\frac{\partial y_1}{\partial x}$, $\frac{\partial z_1}{\partial x}$ et ajoutons-les, puis par $\frac{\partial x_1}{\partial y}$, $\frac{\partial y_1}{\partial y}$, $\frac{\partial z_1}{\partial y}$ et ajoutons-les, puis enfin par $\frac{\partial x_1}{\partial z}$, $\frac{\partial y_1}{\partial z}$, $\frac{\partial z_1}{\partial z}$ et ajoutons-les; nous avons

$$\lambda\alpha \frac{D(x_1, y_1, z_1)}{D(x, y, z)} + \mu \frac{\partial F}{\partial x} = 0, \qquad \ldots,$$

équations de la forme

$$\alpha = \nu \frac{\partial F}{\partial x}, \qquad \beta = \nu \frac{\partial F}{\partial y}, \qquad \gamma = \nu \frac{\partial F}{\partial z},$$

ce qui est évident car α, β, γ sont proportionnels à $\frac{\partial F}{\partial x}, \frac{\partial F}{\partial y}, \frac{\partial F}{\partial z}$. L'intégrale de surface ne donne donc aucune condition nouvelle sinon que, sur la surface limite, λ et μ sont liés au coefficient ν par la relation

$$\lambda\nu\varphi\psi + \mu = 0$$

avec

$$\nu = \sqrt{\left(\frac{\partial F}{\partial x}\right)^2 + \left(\frac{\partial F}{\partial y}\right)^2 + \left(\frac{\partial F}{\partial z}\right)^2}.$$

13. **Généralisation.** — On peut, dans ce qui précède, remplacer L par $f(L)$, f étant une fonction quelconque. Le calcul est fait dans les *Comptes rendus* (*voir* n° 7 de la Bibliographie).

CHAPITRE IV.

LIGNES.

14. **Considérations générales.** — Il peut arriver dans la pratique que le déblai et le remblai puissent être assimilés à des lignes. C'est ce qui arriverait si l'on avait à combler un long fossé, peu large et peu profond, avec la terre fournie par le creusement d'un second fossé analogue, en négligeant le changement de densité qu'éprouve la terre remuée. Les lignes auxquelles nous réduirons le déblai et le remblai ont une épaisseur nulle, mais leur densité linéaire peut être variable. Il y a une distinction importante à établir, suivant que les lignes de déblai et de remblai sont, ou non, dans un même plan.

En général, quand les lignes ne sont pas dans le même plan, une fois que l'on connaît deux points qui se correspondent sur le déblai et sur le remblai, il suffit de cheminer de longueurs de même masse sur les deux lignes pour obtenir d'autres couples de points correspondants, à moins qu'on ne rencontre des points particuliers pour lesquels la direction des routes varie brusquement. Tout revient donc à déterminer un couple de points correspondants et les points exceptionnels pour lesquels la direction des routes varie brusquement; mais on n'a pas de théorèmes généraux comme dans le cas où le déblai et le remblai sont deux lignes d'un même plan, hypothèse que je conserverai dorénavant.

Je me borne à signaler le cas ou le déblai étant une ligne plane Δ de densité linéaire ρ située dans un plan Π, le remblai est une ligne Λ symétrique matériellement par rapport au même plan Π. Alors en vertu du principe de symétrie (n° 10), le meilleur système de routes se compose du système servant à déblayer Δ de densité $\frac{1}{2}\rho$ sur la partie de Λ d'un côté de Π et des routes symétriques.

15. Lignes d'un même plan. — Plaçons-nous d'abord dans ce qu'on peut appeler les conditions régulières : le déblai et le remblai sont fermés, convexes, n'empiètent pas l'un sur l'autre, n'ont ni point anguleux ni rayon de courbure infini. Les points de contact des deux lignes avec leurs tangentes communes extérieures divisent chacune d'elles en région intérieure et région extérieure.

Nous appellerons routes entières celles qui servent au transport de deux points du déblai sur deux points du remblai, et routes tronquées celles qui servent au transport de deux points de l'une des lignes sur un seul point de l'autre.

Nous désignons habituellement le déblai par les lettres D, E, le remblai par R, S. Considérons deux points M, P, infiniment voisins sur la face extérieure du déblai; ils seront, en général, desservis par deux routes infiniment peu inclinées l'une sur l'autre : supposons d'abord que les routes soient entières, sortant du déblai aux points N, Q, et coupant le remblai en M′, N′, P′, Q′. On aura, en désignant par AB la masse de l'arc AB,

$$MP + NQ = M'P' + N'Q';$$

en effet, d'après la règle fondamentale de Monge, les éléments de MP et de NQ ne pourront être transportés que sur les arcs M′P′, N′Q′ : donc

$$MP + NQ \leqq M'P' + N'Q';$$

maintenant, si l'on intervertit les rôles du déblai et du remblai, on verra qu'on doit avoir

$$M'P' + N'Q' \leqq MP + NQ;$$

ces deux inégalités ne peuvent coexister que si elles se réduisent à l'égalité annoncée.

Considérons maintenant deux points très voisins, m, p, desservis par des routes tronquées mnm', pqp' qui coupent le déblai en m et n, p et q, le remblai seulement en m' et p'; on trouvera d'abord, comme précédemment,

$$mp + np = m'p';$$

les points tels que m, p appartiennent à une région, nécessairement limitée, de la face extérieure de DE; les points extrêmes F, H de cette région sont desservis par deux routes entières FGF'G', HKH'K'; mais les extrémités G', K' doivent coïncider. En effet, les parties du déblai immédiatement au-dessus de FG seront transportées sur des routes dont les parties utiles iront jusqu'à la face extérieure du remblai et s'étageront au-dessus de F'G'; il y aura de même une série de routes s'étageant au-dessous de H'K', et l'on aurait deux zones qui empêcheraient toute parcelle du déblai de venir sur l'arc G'K', ce qui est inadmissible. Ainsi, le système de routes tronquées que nous considérerons sera compris à l'intérieur d'un angle ayant son sommet sur le bord externe du remblai; la masse de l'arc de remblai compris dans l'angle sera égale à la somme des masses des arcs de déblai correspondants.

On pourra de même avoir un système de routes tronquées du côté du déblai; il sera limité par deux routes entières se coupant sur le bord externe de DE. Enfin, on pourrait avoir un système de routes tronquées s'étendant d'un côté jusqu'aux limites du déblai et du remblai, et terminé de l'autre côté par une route entière. Dans tous les cas, les arcs correspondants auront des longueurs égales.

Cela posé, envisageons l'ensemble des routes du meilleur système en suivant l'ordre dans lequel elles s'étagent les unes par rapport aux autres : nous trouvons d'abord une série de routes d'une certaine espèce, des routes entières, par exemple, puis viennent des routes tronquées, et ainsi de suite. Nous avons vu que les portions de déblai et de remblai comprises entre deux routes entières consécutives ont des masses égales, aussi bien que celles qui, s'étendant depuis une route entière extrême jusqu'à la limite du déblai et du remblai, seraient desservies par un système de routes tronquées; il en résulte cet important théorème, où nous appelons équisécantes des droites détachant des masses égales.

Les routes entières appartenant au meilleur système de routes sont toutes dirigées suivant des équisécantes.

On trouvera dans de Saint-Germain [3], p. 17, une discussion détaillée des différents cas qui peuvent se présenter; on trouvera également des exemples dans le Mémoire [4].

CHAPITRE V.

AIRES.

16. **Considérations générales.** — Il peut se faire que le déblai soit une aire située sur une surface S_D et le remblai une aire sur une surface S_R; les coordonnées d'un point D du déblai sont alors fonction de deux paramètres λ et μ; celles d'un point du remblai de deux paramètres λ_1 et μ_1. Les densités superficielles ρ et ρ_1 sont fonctions de λ, μ ou λ_1, μ_1. Si les deux surfaces ne sont pas dans un même plan, le meilleur système de routes DK sera normal à une surface S dont l'équation différentielle s'obtient en écrivant qu'un pinceau infiniment délié de normales, S découpe sur S_D et S_R des éléments $d\sigma$ et $d\sigma_1$ de même masse.

On peut en effet regarder une aire comme un volume d'épaisseur infiniment petite

$$\rho\, d\sigma = \rho_1\, d\sigma_1.$$

17. **Expression de la section d'un pinceau de normales par un plan.** — Les routes devant être normales à une surface, nous résoudrons d'abord des problèmes fondamentaux relatifs à des pinceaux infiniment déliés de normales. Soient $f(x, y, z)$ l'équation d'une surface, p, q, r, s, t les dérivées partielles premières et secondes de z par rapport à x et y. Les équations d'une normale étant

$$X = x + p(Z - z), \qquad Y = y + q(Z - z);$$

considérons un pinceau infiniment délié de ces normales; l'aire $d\sigma$ de la section faite dans ce pinceau par un plan parallèle au plan XOY de cote Z est

$$d\sigma = \pm\left(\frac{\partial X}{\partial x}\frac{\partial Y}{\partial y} - \frac{\partial X}{\partial y}\frac{\partial Y}{\partial x}\right) dx\, dy,$$

c'est-à-dire

$$\pm d\sigma = \{(rt - s^2)(Z - z)^2 - [(1+p^2)t + (1+q^2)r - 2pqs](Z - z) + 1 + p^2 + q^2\} dx\, dy.$$

On voit, comme il est évident *a priori*, que $d\sigma$ est une fonction du second degré de Z qui s'annule aux deux centres de courbure principaux de la surface S, $f(x, y, z) = 0$, situés sur la normale au point x, y, z.

En appelant ζ_1 et ζ_2 les deux valeurs de Z répondant à ces deux centres de courbure, on peut écrire

$$\pm d\sigma = (rt - s^2)(Z - \zeta_1)(Z - \zeta_2),$$

où le signe doit être choisi de telle façon que $d\sigma$ soit positif. Ce signe doit changer lorsque Z passe par une des racines ζ_1 ou ζ_2; mais cela n'arrivera pas dans les applications que nous ferons aux déblais et remblais.

Autre forme. — Soient

$$X = az + \alpha, \quad Y = bz + \beta$$

les équations d'une droite appartenant à un faisceau, a et b étant des fonctions des deux variables indépendantes α et β. Cherchons l'aire $d\sigma$ de la section faite dans un pinceau infiniment délié de ces droites, par un plan de cote Z. Nous aurons

$$\pm d\sigma = \left(\frac{\partial X}{\partial \alpha}\frac{\partial Y}{\partial \beta} - \frac{\partial X}{\partial \beta}\frac{\partial Y}{\partial \alpha}\right) d\alpha\, d\beta = [HZ^2 + KZ + 1]\, d\alpha\, d\beta$$

avec

$$H = \frac{D(a, b)}{D(\alpha, \beta)}, \qquad K = \frac{\partial a}{\partial \alpha} + \frac{\partial b}{\partial \beta}.$$

Les racines du trinome sont les cotes des points réels ou imaginaires où la droite (α, β) touche les arêtes de rebroussement des deux surfaces développables formées par les droites du faisceau. Si les droites considérées sont normales à une surface, on sait que si l'on pose

$$P = \frac{a}{\sqrt{a^2 + b^2 + 1}}, \qquad Q = \frac{b}{\sqrt{a^2 + b^2 + 1}}, \qquad N = \frac{1}{\sqrt{a^2 + b^2 + 1}}, \ldots$$

P et Q sont les dérivées partielles d'une certaine fonction ζ de α et β,

$$P = \frac{\partial\zeta}{\partial\alpha}, \qquad Q = \frac{\partial\zeta}{\partial\beta}.$$

Les coordonnées x, y, z d'un point de la surface à laquelle les droites sont alors normales s'obtiennent, en fonction de α et β, en prenant

$$x = \alpha - P\zeta, \qquad y = \beta - Q\zeta, \qquad z = -N\zeta.$$

On a alors

$$a = \frac{P}{N}, \qquad b = \frac{Q}{N}, \qquad N = \sqrt{1 - P^2 - Q^2}.$$

Mais

$$H = \frac{D(a, b)}{D(\alpha, \beta)} = \frac{D(a, b)}{D(P, Q)} \frac{D(P, Q)}{D(\alpha, \beta)} = \frac{RT - S^2}{N^4},$$

comme on le voit facilement [4, p. 99], R, S, T désignant les dérivées secondes $\frac{\partial^2\zeta}{\partial\alpha^2}$, $\frac{\partial^2\zeta}{\partial\alpha\,\partial\beta}$, $\frac{\partial^2\zeta}{\partial\beta^2}$, on a de même

$$K = \frac{(1 - P^2)T + (1 - Q^2)R + 2PQS}{N^3},$$

d'où la nouvelle forme de $d\sigma$

$$\pm\, d\sigma = \frac{(RT - S^2)Z^2 + [(1 - P^2)T + (1 - Q^2)R + 2PQS]NZ + N^4}{N^4}\, d\alpha\, d\beta,$$

N désignant la quantité $\sqrt{1 - P^2 - Q^2}$.

Le passage de l'une des formes de $d\sigma$ à l'autre se fait par les formules

$$x = \alpha - P\zeta, \qquad y = \beta - Q\zeta, \qquad z = -N\zeta$$

qui se ramènent à des formules de transformation données par Bonnet (*Comptes rendus*, 1856, t. 42, p. 486). En effet, en faisant

$$\zeta = z_1\sqrt{-1}, \qquad \alpha = x_1, \qquad \beta = y_1, \qquad p_1 = \frac{\partial z_1}{\partial x_1}, \qquad q_1 = \frac{\partial z_1}{\partial y_1},$$

on a

$$P = p_1\sqrt{-1}, \qquad Q = q_1\sqrt{-1}, \qquad N = \sqrt{1 + p_1^2 + q_1^2},$$

et les formules ci-dessus deviennent

$$x = x_1 + p_1 z_1, \qquad y = y_1 + q_1 z_1, \qquad z = -z_1\sqrt{-1}\sqrt{1 + p_1^2 + q_1^2},$$

elles sont alors celles que Bonnet a données.

18. **Section par un plan quelconque.** — Si l'on appelle θ l'angle aigu d'un plan $AX+BY+CZ+D$ avec le plan XOY on a, en désignant par $d\omega$ la section du pinceau par ce plan

$$\pm d\omega = \frac{C\,d\sigma}{(Aa+Bb+C)}\cos\theta,$$

la normale étant prise sous la forme

$$X = aZ + \alpha,$$
$$Y = bZ + \beta.$$

La quantité $\cos\theta$ est égale à $\dfrac{C}{\sqrt{A^2+B^2+C^2}}$.

Section par une surface courbe. — La normale autour de laquelle on prend le pinceau coupe la surface en un point M. La section du pinceau infiniment délié par la surface s'obtient en remplaçant celle-ci par son plan tangent en M.

19. **Application à des aires homogènes situées dans des plans parallèles.** — Le plan XOY étant parallèle aux deux plans Π et Π_1 contenant les aires, nous appellerons ρ et ρ_1 les densités constantes, $d\sigma$ et $d\sigma_1$ les aires correspondantes

$$\rho\,d\sigma = \rho_1\,d\sigma_1.$$

D'après la première forme de $d\sigma$ on a

$$\pm d\sigma = (rt-s^2)(Z-\zeta_1)(Z-\zeta_2),$$
$$\pm d\sigma_1 = (rt-s^2)(Z_1-\zeta_1)(Z_1-\zeta_2),$$

les signes devant être les mêmes car, entre $d\sigma$ et $d\sigma_1$, ne peut se trouver aucun des centres de courbure de la surface S à laquelle les routes sont normales.

Cas où $\rho=\rho_1$. — On a alors

$$(Z-\zeta_1)(Z-\zeta_2) = (Z_1-\zeta_1)(Z_1-\zeta_2),$$
$$\zeta_1+\zeta_2 = Z+Z_1.$$

Comme Z et Z_1 sont constants, on voit que le milieu des deux centres de courbure est dans un plan fixe Π_0, parallèle aux deux plans donnés et à égale distance de ces plans. La recherche de ces surfaces a été ramenée par O. Bonnet à celle des surfaces minima dans deux Notes *Sur les surfaces pour lesquelles la somme des deux rayons de courbure principaux est égale au double de la normale* (*Comptes rendus*, 1856, t. 42, p. 110 et 485), la longueur de la normale étant ici comptée jusqu'au plan Π_0. On trouvera des exemples de déblais et de remblais de cette nature dans le Mémoire n° 4.

Cas où les densités sont différentes $\rho \gtrless \rho_1$. — L'équation

$$\rho\, d\sigma = \rho_1\, d\sigma_1$$

devient alors

$$\rho Z^2 - \rho_1 Z_1^2 - (\zeta_1 + \xi_2)(\rho Z - \rho_1 Z_1) + \zeta_1 \zeta_2 (\rho - \rho_1) = 0.$$

On peut choisir le plan XOY de façon que

$$\rho Z - \rho_1 Z_1 = 0;$$

alors

$$\zeta_1 \zeta_2 = Z Z_1.$$

Dans ce cas le produit $\zeta_1 \zeta_2$ est une constante positive. Mais Bonnet a montré (*Comptes rendus*, 1856, t. 42, p. 487), que si ζ désigne la cote d'un centre de courbure d'une surface, et ρ le rayon de courbure principal correspondant de la surface qu'il en déduit à l'aide de sa transformation (*voir* cet opuscule p. 21), on a

$$\rho = \xi \sqrt{-1}.$$

Si donc ρ_1 et ρ_2 sont les deux rayons de courbure principaux de la transformée, on a

$$\rho_1 = \zeta_1 \sqrt{-1}, \qquad \rho_2 = \zeta_2 \sqrt{-1}, \qquad \rho_1 \rho_2 = -Z Z_1,$$

ce qui montre que la surface transformée est à courbure constante négative [4]. Dans ce cas, on peut donc ramener l'intégration à celle de l'équation différentielle des surfaces à courbure totale constante.

20. **Cas où les aires sont de même densité et appartiennent à une même sphère.** — On démontre facilement [4] que les routes sont alors normales à une surface possédant cette propriété que *la projection du centre de la sphère sur la normale se trouve au milieu des deux centres de courbure principaux*. La détermination de ces surfaces a fait l'objet de nombreuses recherches.

21. Cas où le déblai et le remblai sont des aires homogènes situées dans des plans rectangulaires. — Les deux plans étant pris pour plans ZOX et ZOY, l'équation différentielle du second ordre de la surface S à laquelle les routes sont normales est

$$\begin{aligned}(rt-s^2)\left(\frac{\rho x^2}{p^3}-\frac{\rho_1 y^2}{q^3}\right)\\ =[(1+p^2)t+(1+q^2)r-2pqs]\left(\frac{\rho x}{p}-\frac{\rho_1 y}{q}\right)\\ +(1+p^2+q^2)\left(\frac{\rho}{p}-\frac{\rho_1}{q}\right)=0.\end{aligned}$$

Cette équation se transforme en elle-même par la transformation de Bonnet (*Comptes rendus*, 1856, t. 42, p. 485; *cf.* DARBOUX, *Surfaces*, t. I, p. 254).

22. Application du principe de symétrie. — Supposons que le déblai soit une aire D de densité variable ρ située dans un plan Π, et le remblai une aire de forme quelconque matériellement symétrique par rapport au même plan Π.

Le meilleur système de routes se compose alors des routes servant à déblayer l'aire D de densité $\frac{\rho}{2}$ sur la partie de R située d'un côté de Π et des routes symétriques.

23. Cas où les deux aires sont dans un même plan. — Supposons S_0 et S_1 dans un même plan et pour nous placer dans le cas de Monge et de Dupin, supposons ρ et ρ_1 égaux et constants. On peut alors les prendre égaux à un; le prix de transport d'une parcelle sera mesuré par le produit de son aire par le chemin qu'on lui fait parcourir. Nous supposerons habituellement que le déblai et le remblai soient deux aires convexes et à contours simples. Comme nous l'avons indiqué (p. 7 et 18), nous appelons route entière ou complète, celle qui, dans sa partie utile, traverse complètement le déblai et le remblai, équisécante une droite traversant complètement les deux aires en les coupant en parties équivalentes d'un même côté de la droite; route tronquée une route qui, dans sa partie utile, s'arrête dans l'intérieur du déblai ou du remblai.

Monge commence par affirmer qu'une équisécante quelconque A ne doit être traversée par aucune parcelle pendant son transport, d'où il résulterait qu'elle est une des routes du meilleur système; en effet, dit-il, si une parcelle, située au-dessus de A dans le déblai, passe au-dessous dans le remblai, il faudra que réciproquement une parcelle équivalente traverse A dans le sens opposé, ce qui ne peut se faire sans que les parties utiles des deux routes se coupent. Il est bien facile de faire la figure de manière que les chemins suivis par les deux parcelles dont parle Monge ne se croisent pas. D'ailleurs, si la loi proposée était générale, elle impliquerait souvent contradiction; il peut se faire que deux équisécantes A et A' se coupent dans le déblai; dans le remblai l'une d'elles, A, sera au-dessus de l'autre; mais alors il y aura dans le déblai une infinité de parcelles situées au-dessus de A et au-dessous de A'; elles devraient encore être placées de cette manière dans le remblai, ce qui est évidemment absurde.

Pour voir exactement comment il faut choisir les routes, menons les tangentes communes extérieures DR, ES au déblai et au remblai; les points de contact partageront les contours de chacune des aires en deux parties, l'une extérieure, l'autre intérieure. Deux points M, P, infiniment voisins sur le bord extérieur du déblai suivront, en général, deux routes infiniment peu inclinées l'une sur l'autre; elles entraîneront avec elles tous les éléments situés sur les cordes MN, PQ suivant lesquelles elles traversent le remblai; toutes les parcelles de la bande MPNQ iront recouvrir une bande équivalente M'N'P'Q' de remblai comprise entre les prolongements des droites MN et PQ; cette seconde bande est toujours limitée du côté du déblai par un arc M'P' appartenant au bord intérieur du remblai. Supposons que les routes MN, PQ se coupent en un point C (le lecteur est prié de faire la figure) : on peut évaluer les aires MNPQ, M'N'P'Q' en les regardant comme des différences de secteurs circulaires, et l'on trouve aux infiniment petits du second ordre près

$$\overline{CN}^2 - \overline{CM}^2 = \overline{CN'}^2 - \overline{CM'}^2.$$

Soient ξ, X_1, X_2, X'_1, X'_2 les abscisses par rapport à un axe quelconque, des points C, M, N, M', N'; cette égalité nous donne

$$(X_2 - \xi)^2 - (X_1 - \xi)^2 = (X'_2 - \xi)^2 - (X'_1 - \xi)^2$$

ou encore

$$X_2^2 - X_1^2 - X_2'^2 + X_1'^2 = 2\xi(X_2 - X_1 - X'_2 + X'_1). \tag{1}$$

Si la route MN est entière, le point N' sera sur le bord extérieur du remblai, et son abscisse X'_2 sera déterminée, aussi bien que X_1, X_2 et X'_1, en fonction des deux paramètres, u et v, pour fixer les idées, qui définissent la position de la droite MN; ξ, abscisse du point où cette droite touche son enveloppe, sera fonction de u, v et de $\frac{dv}{du}$; par exemple, si MN est représentée par l'équation $y = ux + v$, ξ sera égal à $-\frac{dv}{du}$. L'équation (1) constituera une équation différentielle du premier ordre entre u et v; la constante d'intégration se déterminera au moyen d'un système de valeurs simultanées de u et v; si la série des routes entières telles que MN s'étend jusqu'à une tangente commune extérieure, on exprimera que cette tangente satisfait à l'équation intégrale obtenue.

Si l'angle des routes MN, PQ est α, le prix de transport de la bande MNPQ sera dans tous les cas

$$\frac{1}{3}\left(\overline{CN'}^3 - \overline{CM'}^3 - \overline{CN}^3 + \overline{CM}^3\right)\alpha.$$

Supposons maintenant que les routes MN, PQ soient tronquées; elles appartiendront à une série de routes desservant une région comprise entre deux routes entières, telles que FGF′G′ et HKH′K′, ou entre une route entière et les limites, d'un certain côté, du déblai et du remblai. Quand la région est limitée par deux routes entières, on voit aisément que les points G′, K′ où ces routes sortent du déblai doivent coïncider; dans tous les cas, les parties du déblai et du remblai qui sont desservies par un système de routes tronquées sont équivalentes. D'abord, la considération de l'ensemble des routes du meilleur système conduit à cette conclusion que toutes les routes entières doivent être équisécantes; la réciproque, affirmée par Monge, n'est pas vraie.

Si maintenant on considère toutes les équisécantes relatives au déblai et au remblai donnés, on trouve qu'elles forment une série unique dont les termes extrêmes sont les tangentes communes extérieures. Leur enveloppe se détermine sans peine en s'aidant de l'équation (1) qui convient à toutes les équisécantes. Quand cette enveloppe ne pénètre ni dans le remblai ni dans le déblai, les routes doivent être tout entières et confondues avec les équisécantes; mais, même dans ce cas, les équisécantes ne donnent pas nécessairement les routes les meilleures; on en trouvera un exemple dans le n° 4, quand, au contraire, l'enveloppe pénètre dans le déblai, par exemple, pour en sortir après un rebroussement, il faut employer une série de routes tronquées comprises dans un angle qui a son sommet sur le bord extérieur du déblai; la position de ce sommet se déterminera en admettant qu'on sache calculer le prix de transport d'une région qui doit être déblayée à l'aide de routes tronquées; il y a alors nécessairement une infinité d'équisécantes qui ne sont pas des routes.

24. Courbe séparatrice. — Comme les rôles du déblai et du remblai peuvent être intervertis, on peut toujours supposer qu'une route tronquée qui se termine dans l'une des aires se termine dans l'intérieur du déblai. Les extrémités de ces routes forment une courbe que Dupin appelle séparatrice, et il énonce ce théorème : *d'un point de la courbe partent deux routes qui font des angles égaux avec elle.* La démonstration de Dupin est peu satisfaisante, et de Saint-Germain la discute en détail [3, p. 32]; mais le théorème est exact; on peut le démontrer en toute rigueur [4, p. 38-39] ; on peut démontrer que la même propriété est vraie pour la surface séparatrice analogue qui peut se présenter quand le déblai et le remblai sont des volumes. Les deux routes partant d'un point P de la surface séparatrice sont alors [4, p. 39] symétriques par rapport au plan tangent en P. Voici comment de Saint-Germain forme l'équation différentielle de la *courbe séparatrice :*

Soient α et φ les angles que la tangente au point x, y fait avec l'axe des x et avec chacune des routes qui en partent : l'équation de la route supérieure sera

$$Y - y - (X - x)\operatorname{tang}(\alpha + \varphi) = 0 :$$

on en déduira, en fonction de x, y, α et φ, les abscisses X_2, X'_1, X'_2 des points où la route coupe le déblai et le remblai, l'abscisse du point où commence sa partie utile étant x; l'abscisse ξ du point où la route touche son enveloppe est donnée par l'équation

$$\frac{dy}{dx} + \frac{\xi - x}{\cos^2(\alpha + \varphi)}\left(\frac{d\alpha}{dx} + \frac{d\rho}{dx}\right) = \operatorname{tang}(\alpha + \varphi) = 0$$

ou, comme $\frac{dy}{dx} = \operatorname{tang}\alpha$,

$$(\xi - x)\left(\frac{d\alpha}{dx} + \frac{d\varphi}{dx}\right) = \frac{\sin\varphi\cos(\alpha + \varphi)}{\cos\alpha}.$$

Pour la deuxième on aura les mêmes résultats, sauf le changement de φ en $-\varphi$, et l'on sera conduit à deux équations simultanées, du premier ordre par rapport à φ, du second par rapport à y; l'élimination de φ donnera une équation du troisième ordre entre x et y pour représenter la courbe.

On voit que cette équation dépend uniquement de la ligne limite intérieure du déblai. Quand cette limite est une droite et que le remblai est limité par deux droites qui lui sont parallèles, l'équation s'intègre par des quadratures elliptiques [4, p. 74 et suiv.].

25. Problème de Monge. — Les deux aires étant équivalentes dans un même plan, Monge suppose donnés le déblai et le bord intérieur du remblai et demande de déterminer le bord extérieur du remblai de manière que son aire étant équivalente à celle du remblai, le prix du transport soit minimum. Monge annonce que le bord cherché doit être orthogonal aux routes; la démonstration rigoureuse du théorème est donnée par de Saint-Germain [3, p. 32 et suiv.].

CHAPITRE VI.

DÉBLAI ET REMBLAI DES VOLUMES.

26. Masses détachées par un faisceau de normales. — Dans les *Mémoires de l'Académie* pour 1781, Monge s'exprime ainsi :

« Il suit évidemment de tout ce que nous avons vu dans la première Partie, et principalement de ce principe (les routes de deux molécules quelconques ne doivent pas se couper entre leurs extrémités) que, pour satisfaire au minimum, toutes les molécules qui se trouvent sur la route d'une autre molécule doivent suivre la même route que cette dernière. Par conséquent, si, pour un élément quelconque du déblai, on conçoit que les routes de toutes les molécules qui le composent soient construites et prolongées indéfiniment, celles de ces routes qui sont entières et qui enveloppent les autres dans toutes sortes de sens doivent circonscrire dans le déblai et dans le remblai des espaces élémentaires tels que toutes les molécules comprises dans l'espace élémentaire du remblai doivent être portées dans l'espace élémentaire du remblai, ce qui comporte nécessairement que les deux espaces élémentaires doivent être égaux entre eux.

» De plus, pour satisfaire au minimum demandé, il est indifférent dans quel ordre les molécules des premiers espaces soient transportées dans le second, puisque, quel que soit cet ordre, puisque la somme des produits des molécules par les espaces parcourus sera toujours la même; la question dont il s'git se réduit donc à trouver, pour chaque molécule du déblai, la direction de la route qu'elle doit suivre pour satisfaire au minimum. »

Monge, dans ce qui précède, suppose que les deux volumes D et R sont homogènes de même densité. Ces propositions sont générales à condition de remplacer partout les volumes par les masses, si les densités ρ et ρ_1 sont quelconques et varient d'un point à l'autre.

Les routes, là où elles se succèdent d'une manière continue, sont normales à une surface S. Elles seront donc connues dès que la surface S le sera. Le z d'un point de cette surface, considéré comme fonction de x et y, vérifie une équation différentielle du second ordre linéaire en r, s, t et $rt-s^2$. On obtient cette équation en écrivant qu'un faisceau de normales à S détache dans le déblai et le remblai des volumes élémentaires de *même masse*.

Soient $F(X, Y, Z) = 0$, $\Phi(X, Y, Z) = 0$ les équations des surfaces limitant D et R.

La route

$$X = x - p(Z - z), \quad Y = y - q(Z - z)$$

normale à S coupe le déblai D en des points M et M' dont les cotes Z sont racines de l'équation en Z :

$$F[x - p(Z - z), y - q(Z - z), Z] = 0. \tag{1}$$

Nous admettrons, pour simplifier, que la normale coupe la surface du déblai en deux points M et M' seulement, et nous appellerons Z et Z' les cotes de ces deux points donnés par l'équation (1). La même route coupe la surface du remblai, en des points dont les cotes sont racines de l'équation

$$\Phi[x - p(Z - z), y - q(Z - z), Z] = 0, \tag{2}$$

nous supposerons ces points au nombre de deux M_1 et M'_1 et nous appellerons Z_1 et Z'_1 leurs cotes. Soit $d\sigma$ la seetion du pinceau de normales par un plan de coté Z, $d\sigma$ a été obtenu au n° 17. Si l'on appelle

$$\rho = \varphi(X, Y, Z) \quad \text{et} \quad \rho_1 = \varphi_1(X, Y, Z),$$

les densités dans le déblai et dans le remblai, l'équation qui exprime l'égalité des masses des deux filets détachés dans D et R par un pinceau de normales est

$$\int_Z^{Z'} \varphi\,[x - p(Z - z), y - q(Z - z), Z]\, d\sigma\, dZ$$
$$= \int_{Z_1}^{Z'_1} \varphi_1[x - p(Z - z), y - q(Z - z), Z]\, d\sigma\, dZ.$$

27. **Équations différentielles.** — Nous prendrons $d\sigma$ sous la première forme du n° 17, et nous aurons une équation d'Ampère linéaire en r, s, t, $rt - s^2$. Cette équation est réductible à celles des surfaces minima si le déblai et le remblai peuvent être assimilés à des aires homogènes de même densité dans des plans parallèles (n° 19) et à celles des surfaces à courbure totale constante si les aires étant homogènes ont des densités différentes.

Si l'on prend les routes sous la forme

$$X = aZ + \alpha, \qquad Y = bZ + \beta$$

(n° 17), Z et Z' sont racines de l'équation

$$\Phi(aZ + \alpha, bZ + \beta, Z) = 0$$

Z_1 et Z'_1 de

$$\Psi(aZ + \alpha, bZ + \beta, Z) = 0,$$

et l'équation qui exprime l'égalité des masses des filets détachés dans D et R par un pinceau de normales à S est

$$\int_Z^{Z'} \varphi(aZ + \alpha, bZ + \beta, Z)\, d\sigma\, dZ = \int_{Z_1}^{Z'_1} \varphi_1(aZ + \alpha, bZ + \beta, Z)\, d\sigma\, dZ,$$

équation qui, d'après la deuxième forme de $d\sigma$, est linéaire en R, S, T, $RT - S^2$.

28. **Cas où le déblai et le remblai sont des masses de révolution autour du même axe.** — Dans ce cas la densité ρ est la même en tous les points d'un parallèle du volume D, et ρ_1 la même en tous les points d'un parallèle de R. Tout plan mené par l'axe est un plan de symétrie

pour D et R. Aucune route ne pourra donc traverser ce plan d'après la loi de symétrie. On en conclut que les routes cherchées sont situées dans les plans menés par l'axe, c'est-à-dire dans les plans méridiens [4, p. 150], car si l'une d'elles n'était pas située dans un plan méridien, elle traverserait au moins un plan méridien, ce qui est impossible. Il ne reste plus qu'à trouver celles de ces routes qui sont dans un plan méridien déterminé Π. Pour cela faisons tourner le plan Π autour de l'axe, d'un angle infiniment petit $d\theta$, de façon à l'amener sur Π'; les routes situées dans le plan Π serviront à transporter la portion du déblai comprise entre Π et Π' sur la portion de remblai comprise entre ces mêmes plans. Décomposons ces volumes en cylindres infiniment petits ayant pour base des éléments égaux $d\omega$ du plan Π et dont les génératrices sont perpendiculaires à ce plan. Les volumes de ces cylindres sont $r\,d\omega\,d\theta$ et leurs masses $\rho\, r\,d\omega\,d\theta$ ou $\rho_1 r_1\,d\omega\,d\theta$ suivant qu'ils sont dans le déblai ou dans le remblai, r étant la distance de l'élément $d\omega$ à l'axe.

Donc les routes situées dans le plan Π formeront le système le plus avantageux pour transporter l'aire plane suivant laquelle Π coupe le déblai sur l'aire plane suivant laquelle il coupe le remblai en supposant que la densité en chaque point de ces aires soit ρr ou $\rho_1 r$, c'est-à-dire la densité réelle au point multipliée par la distance du point à l'axe.

Aires de révolution autour d'un même axe. — Il est évident que le même résultat s'applique au cas limite où les deux volumes de révolution peuvent être assimilés à des aires de révolution autour du même axe.

29. **Surface séparatrice.** — Jusqu'ici nous avons considéré des routes complètes rencontrant les surfaces du déblai et du remblai en deux points. Mais il peut exister des routes tronquées partant d'un point A situé *dans* une des masses, le déblai par exemple, rencontrant en un point la surface du déblai tournée vers le remblai et en deux points la surface du remblai. Il peut même arriver que la route ne rencontre également le remblai qu'en un point. Le lieu des points A est une surface Σ, la *surface séparatrice*. De chaque point P de cette surface Σ partent deux routes situées de part et d'autre de Σ, symétriques l'une de l'autre par rapport au plan tangent à Σ en P.

INDEX BIBLIOGRAPHIQUE.

1. MONGE. — *Mémoires de l'Académie des Sciences*, 1781.
2. DUPIN. — *Exercices de Géométrie et d'Algèbre.*
3. ALBERT DE SAINT-GERMAIN. — Étude sur le problème des déblais et des remblais (Extrait des *Mémoires de l'Académie nationale des Sciences, Arts et Belles-Lettres de Caen*. 1886; Caen, imprimerie Le Blanc-Hardel).
4. PAUL APPELL. — Mémoire sur les déblais et remblais des systèmes continus ou discontinus, présenté à l'Académie des Sciences pour le concours du prix Bordin pour 1884 (*Mémoires des Savants étrangers*, 2e série, t. 29, troisième Mémoire, p. 1-208).
5. DARBOUX. — Rapport sur le concours du prix Bordin, Séance publique annuelle (*Comptes rendus de l'Académie des Sciences*, t. 103, 1886).
6. DARIÈS. — Cubature des terrasses et mouvement des terres (*Encyclopédie scientifique des Aide-mémoire, Section de l'Ingénieur*, publiée sous la direction de M. Léauté, 1895; Gauthier-Villars).
7. PAUL APPELL. — Extension d'un théorème de Monge (*Comptes rendus*, t. 180, 1925, p. 781, et *Acta mathematica*, 1926, volume jubilaire pour Mittag-Leffler).
8. OTTO OHNESORGE. — Mémoire manuscrit cité par Darboux dans son Rapport [5]. Ce Mémoire n'a pas été imprimé à ma connaissance

TABLE DES MATIÈRES.

CHAPITRE I.

INTRODUCTION.

Pages.

1. Historique I
2. Généralisation du problème de Monge; cas où la densité est variable... 2
3. Diverses questions à traiter 4
4. Détermination des fonctions arbitraires 5
5. Théorèmes généraux 6
6. Échange du déblai et du remblai 7

CHAPITRE II.

PRINCIPES DÉDUITS DE LA CONSIDÉRATION DE POINTS ISOLÉS.

7. Points isolés 8
8. Systèmes de routes déduits d'un système donné 8
9. Principe des routes normales à une surface 9
10. Loi de symétrie 9

CHAPITRE III.

DÉMONSTRATION GÉNÉRALE DU THÉORÈME DE MONGE.

11. Démonstration faite en supposant les densités quelconques 9
12. Intégrale de surface 15
13. Généralisation 16

CHAPITRE IV.

LIGNES.

14. Considérations générales 16
15. Lignes d'un même plan 17

CHAPITRE V.

AIRES.

16. Considérations générales 19
17. Expression de la section d'un pinceau de normales par un plan 19
18. Section par un plan quelconque 22

Pages.
19. Application à des aires homogènes situées dans des plans parallèles... 22
20. Aires homogènes situées sur une même sphère.......... 23
21. Cas d'aires homogènes de densités différentes situées dans des plans rectangulaires.......... 24
22. Application du principe de symétrie.......... 24
23. Cas où les deux aires sont dans un même plan.......... 24
24. Courbe séparatrice.......... 27
25. Problème de Monge.......... 28

CHAPITRE VI.

VOLUMES.

26. Masses détachées par un pinceau de normales.......... 28
27. Équations différentielles.......... 30
28. Cas où le déblai et le remblai sont des masses de révolution autour d'un même axe.......... 30
29. Surface séparatrice.......... 31

Bibliographie.......... 32

PARIS. — IMPRIMERIE GAUTHIER-VILLARS.
79180 Quai des Grands-Augustins, 55.

79180-27 Paris. — Imprimerie Gauthier-Villars et Cie, 55, quai des Grands-Augustins.

www.ingramcontent.com/pod-product-compliance
Ingram Content Group UK Ltd.
Pitfield, Milton Keynes, MK11 3LW, UK
UKHW021524260726
13993UKWH00004B/1862